THIS BOOK BELONGS TO

Name :

....

....

....

....

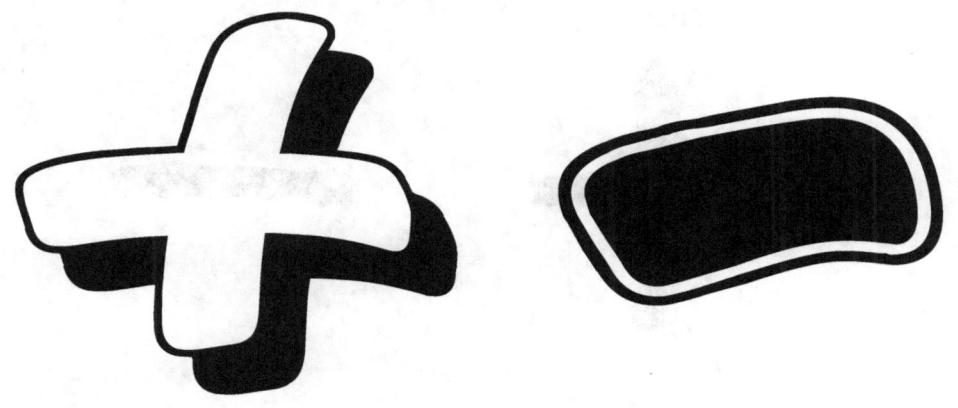

Humble MATH

Table of Contents

Sections :   **Day :**

Adding Digits 0-5 1-7

Adding Digits 0-7 8-14

Adding Digits 0-10 15-35

Subtraction Digits 0-10 15-42

Subtraction Digits 10-20 43-56

Subtraction Digits 0-20 57-70

(Answer Key in Back)

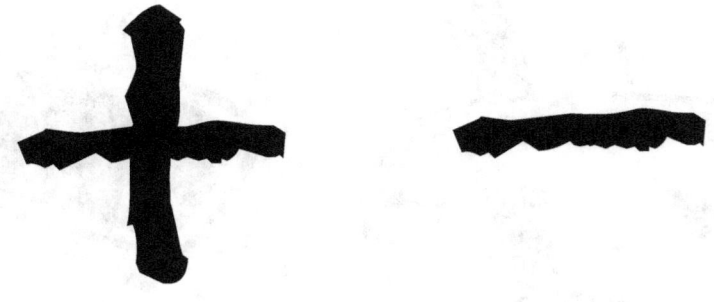

Day 1
Adding digits 0-5

Time : _____ : _____ minutes   **Score :** _____ out of 36

1. 3 + 5
2. 4 + 0
3. 4 + 0
4. 2 + 0
5. 1 + 5
6. 2 + 1
7. 5 + 5
8. 2 + 2
9. 1 + 4
10. 5 + 4
11. 5 + 4
12. 4 + 1
13. 2 + 5
14. 1 + 1
15. 1 + 5
16. 1 + 4
17. 4 + 0
18. 2 + 0
19. 1 + 0
20. 4 + 4
21. 1 + 2
22. 4 + 5
23. 3 + 3
24. 4 + 5
25. 5 + 0
26. 5 + 5
27. 0 + 5
28. 1 + 2
29. 2 + 0
30. 4 + 2
31. 5 + 2
32. 4 + 5
33. 3 + 4
34. 2 + 2
35. 2 + 5
36. 4 + 2

Day 2
Adding digits 0-5

Time : _____ : _____ minutes   **Score :** _____ out of 36

1. 2 + 3
2. 0 + 1
3. 0 + 0
4. 5 + 5
5. 5 + 3
6. 0 + 2
7. 0 + 2
8. 0 + 0
9. 0 + 0
10. 3 + 4
11. 5 + 4
12. 2 + 2
13. 3 + 4
14. 2 + 1
15. 1 + 3
16. 2 + 5
17. 0 + 0
18. 0 + 1
19. 0 + 4
20. 1 + 0
21. 2 + 4
22. 3 + 2
23. 1 + 0
24. 5 + 4
25. 4 + 3
26. 4 + 5
27. 2 + 2
28. 4 + 0
29. 0 + 2
30. 2 + 1
31. 0 + 2
32. 1 + 5
33. 0 + 0
34. 5 + 5
35. 3 + 5
36. 5 + 3

Day 3
Adding digits 0-5

Time : _____ : _____ minutes   **Score :** _____ out of 36

1. 3 + 2
2. 1 + 1
3. 5 + 0
4. 3 + 3
5. 4 + 0
6. 3 + 0
7. 4 + 0
8. 2 + 4
9. 0 + 0
10. 0 + 5
11. 1 + 5
12. 0 + 5
13. 0 + 4
14. 4 + 1
15. 1 + 3
16. 0 + 1
17. 4 + 1
18. 5 + 3
19. 2 + 3
20. 2 + 0
21. 5 + 4
22. 1 + 4
23. 2 + 4
24. 2 + 5
25. 2 + 4
26. 3 + 4
27. 2 + 1
28. 4 + 2
29. 0 + 2
30. 2 + 4
31. 0 + 4
32. 3 + 3
33. 1 + 5
34. 1 + 1
35. 4 + 3
36. 2 + 4

Day 4
Adding digits 0-5

Time : _____ : _____ minutes   **Score :** _____ out of 36

1. 0 + 2
2. 4 + 2
3. 1 + 1
4. 5 + 2
5. 2 + 3
6. 5 + 1
7. 0 + 0
8. 1 + 4
9. 5 + 2
10. 3 + 2
11. 2 + 2
12. 4 + 1
13. 3 + 5
14. 4 + 5
15. 4 + 5
16. 5 + 4
17. 5 + 4
18. 0 + 4
19. 3 + 3
20. 0 + 3
21. 3 + 0
22. 4 + 5
23. 4 + 1
24. 3 + 5
25. 3 + 1
26. 5 + 1
27. 2 + 4
28. 2 + 0
29. 0 + 0
30. 1 + 2
31. 1 + 1
32. 3 + 2
33. 3 + 1
34. 1 + 2
35. 4 + 4
36. 0 + 1

Day 5
Adding digits 0-5

Time : _____ : _____ minutes   **Score :** _____ out of 36

1. 1 + 2
2. 5 + 2
3. 1 + 0
4. 5 + 4
5. 3 + 0
6. 4 + 3

7. 0 + 0
8. 5 + 3
9. 2 + 1
10. 5 + 4
11. 4 + 1
12. 0 + 0

13. 1 + 0
14. 0 + 0
15. 1 + 5
16. 0 + 1
17. 3 + 0
18. 0 + 0

19. 2 + 3
20. 1 + 4
21. 2 + 3
22. 0 + 4
23. 1 + 3
24. 0 + 1

25. 5 + 1
26. 3 + 2
27. 3 + 5
28. 1 + 4
29. 4 + 4
30. 2 + 1

31. 0 + 1
32. 0 + 5
33. 2 + 3
34. 0 + 0
35. 2 + 5
36. 3 + 0

Day 6
Adding digits 0-5

Time : _____ : _____ minutes   **Score :** _____ out of 36

1. 5 + 3
2. 5 + 1
3. 2 + 5
4. 2 + 4
5. 0 + 3
6. 2 + 4
7. 5 + 3
8. 0 + 1
9. 2 + 3
10. 1 + 5
11. 3 + 1
12. 0 + 3
13. 4 + 2
14. 3 + 3
15. 3 + 1
16. 2 + 2
17. 2 + 0
18. 3 + 5
19. 2 + 1
20. 2 + 5
21. 1 + 1
22. 5 + 2
23. 3 + 0
24. 4 + 5
25. 5 + 4
26. 4 + 3
27. 2 + 1
28. 5 + 3
29. 5 + 3
30. 2 + 1
31. 3 + 2
32. 2 + 1
33. 4 + 1
34. 4 + 2
35. 0 + 1
36. 2 + 1

Day 7
Adding digits 0-5

Time : _____ : _____ minutes   **Score :** _____ out of 36

1. 0 + 3
2. 5 + 1
3. 3 + 3
4. 4 + 5
5. 5 + 3
6. 4 + 4
7. 5 + 4
8. 0 + 1
9. 3 + 5
10. 5 + 5
11. 4 + 5
12. 1 + 4
13. 3 + 3
14. 0 + 0
15. 2 + 0
16. 4 + 3
17. 1 + 1
18. 5 + 4
19. 4 + 1
20. 3 + 1
21. 2 + 3
22. 2 + 0
23. 0 + 3
24. 4 + 5
25. 5 + 4
26. 5 + 2
27. 3 + 3
28. 3 + 4
29. 4 + 4
30. 0 + 2
31. 4 + 3
32. 1 + 2
33. 5 + 5
34. 0 + 0
35. 2 + 1
36. 3 + 5

Day 8
Adding digits 0-7

Time : _____ : _____ minutes   **Score :** _____ out of 36

1. 2 + 3
2. 5 + 0
3. 3 + 0
4. 7 + 4
5. 7 + 2
6. 2 + 7
7. 6 + 7
8. 1 + 5
9. 6 + 3
10. 7 + 0
11. 7 + 6
12. 6 + 3
13. 0 + 0
14. 7 + 1
15. 5 + 6
16. 7 + 1
17. 2 + 2
18. 2 + 2
19. 5 + 6
20. 4 + 3
21. 5 + 7
22. 7 + 1
23. 5 + 6
24. 6 + 1
25. 1 + 4
26. 4 + 4
27. 7 + 5
28. 1 + 0
29. 5 + 4
30. 7 + 4
31. 2 + 2
32. 3 + 2
33. 6 + 0
34. 4 + 2
35. 4 + 0
36. 3 + 6

Day 9
Adding digits 0-7

Time : _____ : _____ minutes   **Score :** _____ out of 36

1. 4 + 6
2. 6 + 1
3. 2 + 4
4. 1 + 0
5. 3 + 2
6. 2 + 6
7. 4 + 5
8. 3 + 3
9. 7 + 1
10. 7 + 0
11. 3 + 7
12. 6 + 6
13. 2 + 4
14. 6 + 2
15. 6 + 4
16. 5 + 5
17. 2 + 7
18. 1 + 3
19. 3 + 5
20. 7 + 1
21. 3 + 7
22. 4 + 5
23. 3 + 2
24. 7 + 0
25. 7 + 6
26. 1 + 7
27. 1 + 4
28. 6 + 2
29. 4 + 1
30. 3 + 7
31. 4 + 1
32. 2 + 1
33. 6 + 5
34. 3 + 1
35. 5 + 2
36. 6 + 6

Day 10
Adding digits 0-7

Time : ____ : ____ minutes   **Score :** ____ out of 36

1. 1 + 0
2. 5 + 1
3. 4 + 5
4. 4 + 5
5. 5 + 1
6. 0 + 4
7. 7 + 4
8. 2 + 4
9. 6 + 4
10. 6 + 1
11. 0 + 6
12. 1 + 7
13. 4 + 3
14. 7 + 6
15. 4 + 4
16. 4 + 3
17. 0 + 7
18. 4 + 3
19. 6 + 5
20. 4 + 7
21. 5 + 2
22. 3 + 2
23. 4 + 5
24. 7 + 3
25. 3 + 6
26. 6 + 5
27. 3 + 1
28. 0 + 3
29. 2 + 6
30. 0 + 4
31. 4 + 4
32. 3 + 6
33. 4 + 4
34. 3 + 6
35. 2 + 0
36. 5 + 2

Day 11
Adding digits 0-7

Time : _____ : _____ minutes   **Score :** _____ out of 36

1. 4 + 7
2. 6 + 6
3. 6 + 5
4. 6 + 6
5. 5 + 2
6. 5 + 6

7. 0 + 3
8. 2 + 4
9. 4 + 5
10. 2 + 7
11. 6 + 3
12. 0 + 2

13. 7 + 7
14. 3 + 3
15. 3 + 7
16. 5 + 2
17. 3 + 5
18. 1 + 3

19. 5 + 2
20. 7 + 2
21. 4 + 6
22. 7 + 7
23. 6 + 7
24. 3 + 2

25. 7 + 5
26. 0 + 6
27. 4 + 3
28. 2 + 3
29. 0 + 1
30. 1 + 1

31. 2 + 4
32. 1 + 5
33. 7 + 0
34. 7 + 1
35. 0 + 4
36. 0 + 5

Day 12
Adding digits 0-7

Time : ____ : ____ minutes **Score :** ____ out of 36

1. 5 + 7
2. 0 + 4
3. 4 + 5
4. 5 + 1
5. 1 + 6
6. 5 + 2
7. 5 + 5
8. 0 + 5
9. 3 + 6
10. 5 + 6
11. 0 + 3
12. 2 + 3
13. 3 + 5
14. 2 + 1
15. 3 + 3
16. 3 + 0
17. 6 + 4
18. 4 + 7
19. 5 + 3
20. 6 + 0
21. 6 + 4
22. 1 + 0
23. 1 + 6
24. 2 + 4
25. 1 + 3
26. 0 + 3
27. 3 + 7
28. 0 + 2
29. 6 + 6
30. 3 + 6
31. 6 + 5
32. 5 + 5
33. 7 + 5
34. 7 + 7
35. 3 + 5
36. 4 + 3

Day 13
Adding digits 0-7

Time : ____ : ____ minutes   **Score :** ____ out of 36

1. 0 + 6
2. 7 + 2
3. 6 + 7
4. 3 + 1
5. 2 + 4
6. 0 + 4
7. 1 + 5
8. 7 + 2
9. 3 + 6
10. 2 + 6
11. 2 + 5
12. 7 + 1
13. 4 + 2
14. 4 + 1
15. 5 + 1
16. 3 + 6
17. 6 + 0
18. 2 + 2
19. 7 + 0
20. 7 + 6
21. 7 + 1
22. 3 + 7
23. 0 + 1
24. 2 + 1
25. 1 + 6
26. 4 + 3
27. 5 + 2
28. 5 + 7
29. 0 + 2
30. 3 + 6
31. 6 + 4
32. 0 + 3
33. 1 + 5
34. 2 + 1
35. 5 + 4
36. 7 + 0

Day 14
Adding digits 0-7

Time: _____ : _____ minutes   **Score:** _____ out of 36

1. 4 + 0
2. 0 + 4
3. 4 + 6
4. 6 + 5
5. 5 + 2
6. 4 + 7

7. 7 + 0
8. 0 + 2
9. 0 + 5
10. 1 + 0
11. 2 + 6
12. 6 + 3

13. 0 + 7
14. 4 + 6
15. 5 + 7
16. 2 + 4
17. 0 + 1
18. 2 + 6

19. 4 + 3
20. 1 + 5
21. 0 + 7
22. 0 + 2
23. 6 + 7
24. 1 + 6

25. 6 + 0
26. 4 + 7
27. 7 + 0
28. 2 + 1
29. 3 + 0
30. 0 + 4

31. 7 + 7
32. 7 + 6
33. 7 + 6
34. 4 + 6
35. 3 + 3
36. 0 + 5

Day 15
Adding digits 0-10

Time : _____ : _____ minutes   **Score :** _____ out of 36

1. 9 + 1
2. 5 + 5
3. 8 + 10
4. 4 + 0
5. 2 + 1
6. 5 + 0
7. 0 + 4
8. 7 + 5
9. 6 + 4
10. 1 + 6
11. 2 + 2
12. 8 + 0
13. 9 + 9
14. 3 + 10
15. 7 + 3
16. 6 + 10
17. 10 + 10
18. 8 + 0
19. 8 + 7
20. 10 + 5
21. 4 + 5
22. 9 + 7
23. 3 + 3
24. 7 + 6
25. 0 + 9
26. 9 + 0
27. 0 + 7
28. 5 + 10
29. 4 + 5
30. 9 + 10
31. 7 + 6
32. 5 + 8
33. 4 + 0
34. 2 + 1
35. 4 + 1
36. 10 + 3

Day 16
Adding digits 0-10

Time : _____ : _____ minutes **Score :** _____ out of 36

1. 10 + 7
2. 3 + 8
3. 2 + 3
4. 4 + 2
5. 8 + 1
6. 2 + 8
7. 5 + 9
8. 10 + 10
9. 4 + 6
10. 2 + 2
11. 3 + 4
12. 5 + 6
13. 8 + 6
14. 6 + 1
15. 8 + 1
16. 9 + 7
17. 5 + 9
18. 4 + 8
19. 9 + 5
20. 8 + 3
21. 3 + 3
22. 6 + 1
23. 9 + 3
24. 5 + 1
25. 5 + 7
26. 3 + 2
27. 1 + 8
28. 1 + 8
29. 1 + 3
30. 9 + 8
31. 2 + 0
32. 1 + 8
33. 4 + 5
34. 1 + 7
35. 3 + 3
36. 1 + 1

Day 17
Adding digits 0-10

Time : _____ : _____ minutes   **Score :** _____ out of 36

1. 0 + 9
2. 2 + 9
3. 0 + 5
4. 4 + 1
5. 8 + 7
6. 7 + 1
7. 10 + 0
8. 9 + 6
9. 4 + 7
10. 10 + 5
11. 2 + 9
12. 10 + 2
13. 0 + 9
14. 0 + 0
15. 8 + 0
16. 8 + 9
17. 2 + 5
18. 7 + 8
19. 3 + 0
20. 8 + 7
21. 2 + 1
22. 8 + 3
23. 8 + 5
24. 4 + 5
25. 5 + 10
26. 1 + 0
27. 2 + 5
28. 2 + 7
29. 1 + 5
30. 7 + 10
31. 2 + 8
32. 8 + 2
33. 8 + 7
34. 7 + 5
35. 6 + 3
36. 8 + 4

Day 18
Adding digits 0-10

Time : _____ : _____ minutes   **Score :** _____ out of 36

1. 9 + 7
2. 4 + 3
3. 0 + 7
4. 8 + 5
5. 0 + 3
6. 2 + 3
7. 1 + 2
8. 7 + 1
9. 5 + 7
10. 8 + 4
11. 5 + 10
12. 5 + 3
13. 8 + 7
14. 2 + 1
15. 0 + 1
16. 9 + 6
17. 5 + 4
18. 5 + 1
19. 7 + 8
20. 1 + 6
21. 8 + 9
22. 2 + 2
23. 4 + 8
24. 6 + 2
25. 7 + 2
26. 3 + 10
27. 8 + 1
28. 8 + 1
29. 5 + 1
30. 10 + 5
31. 5 + 10
32. 8 + 0
33. 2 + 7
34. 1 + 0
35. 10 + 4
36. 6 + 1

Day 19
Adding digits 0-10

Time : _____ : _____ minutes   **Score :** _____ out of 36

1. 4 + 8
2. 1 + 7
3. 3 + 6
4. 4 + 10
5. 5 + 3
6. 10 + 5
7. 10 + 9
8. 3 + 4
9. 0 + 9
10. 9 + 6
11. 3 + 4
12. 9 + 7
13. 7 + 10
14. 7 + 4
15. 3 + 5
16. 3 + 8
17. 9 + 3
18. 7 + 10
19. 0 + 8
20. 4 + 4
21. 3 + 6
22. 1 + 6
23. 0 + 7
24. 10 + 5
25. 1 + 10
26. 10 + 1
27. 1 + 9
28. 3 + 9
29. 1 + 4
30. 10 + 10
31. 6 + 8
32. 6 + 8
33. 5 + 5
34. 5 + 0
35. 2 + 7
36. 10 + 1

Day 20
Adding digits 0-10

Time : ____ : ____ minutes   **Score :** ____ out of 36

1. 7 + 6
2. 10 + 10
3. 4 + 6
4. 5 + 7
5. 2 + 2
6. 8 + 1
7. 4 + 6
8. 4 + 0
9. 9 + 8
10. 2 + 6
11. 10 + 10
12. 3 + 1
13. 6 + 5
14. 3 + 4
15. 3 + 0
16. 2 + 4
17. 6 + 2
18. 5 + 9
19. 7 + 0
20. 7 + 8
21. 4 + 3
22. 6 + 8
23. 2 + 9
24. 2 + 2
25. 4 + 8
26. 1 + 10
27. 8 + 10
28. 6 + 1
29. 2 + 10
30. 4 + 7
31. 4 + 8
32. 9 + 9
33. 3 + 7
34. 4 + 3
35. 9 + 7
36. 6 + 3

20

Day 21
Adding digits 0-10

Time : _____ : _____ minutes **Score :** _____ out of 36

1. 3 + 7
2. 7 + 10
3. 5 + 0
4. 5 + 7
5. 0 + 7
6. 8 + 2
7. 8 + 10
8. 3 + 3
9. 8 + 0
10. 0 + 5
11. 7 + 2
12. 5 + 4
13. 0 + 9
14. 1 + 10
15. 1 + 9
16. 6 + 3
17. 9 + 6
18. 1 + 5
19. 8 + 8
20. 7 + 0
21. 2 + 10
22. 10 + 6
23. 1 + 7
24. 5 + 6
25. 2 + 10
26. 4 + 8
27. 8 + 10
28. 8 + 4
29. 7 + 8
30. 8 + 4
31. 4 + 0
32. 1 + 9
33. 7 + 6
34. 6 + 3
35. 4 + 7
36. 9 + 8

Day 22
Adding digits 0-10

Time : _____ : _____ minutes   **Score :** _____ out of 36

1	2	3	4	5	6
3 + 1	1 + 10	3 + 10	7 + 6	6 + 3	6 + 7

7	8	9	10	11	12
0 + 9	2 + 7	9 + 5	6 + 0	0 + 7	1 + 4

13	14	15	16	17	18
3 + 0	2 + 2	9 + 5	0 + 1	7 + 9	5 + 0

19	20	21	22	23	24
9 + 9	8 + 8	4 + 0	4 + 5	7 + 7	8 + 2

25	26	27	28	29	30
5 + 0	5 + 1	0 + 8	7 + 9	6 + 4	6 + 2

31	32	33	34	35	36
2 + 6	0 + 6	0 + 10	2 + 9	6 + 7	4 + 0

Day 23
Adding digits 0-10

Time : _____ : _____ minutes   Score : _____ out of 36

1. $1 + 0$
2. $10 + 7$
3. $1 + 4$
4. $5 + 4$
5. $8 + 9$
6. $1 + 8$
7. $9 + 1$
8. $4 + 5$
9. $4 + 6$
10. $3 + 5$
11. $5 + 0$
12. $7 + 3$
13. $0 + 5$
14. $10 + 1$
15. $7 + 1$
16. $1 + 9$
17. $6 + 2$
18. $6 + 9$
19. $10 + 9$
20. $9 + 10$
21. $2 + 4$
22. $10 + 9$
23. $10 + 7$
24. $9 + 4$
25. $1 + 6$
26. $2 + 6$
27. $0 + 10$
28. $5 + 4$
29. $4 + 9$
30. $3 + 10$
31. $4 + 6$
32. $9 + 4$
33. $8 + 2$
34. $1 + 9$
35. $7 + 10$
36. $1 + 6$

Day 24
Adding digits 0-10

Time : _____ : _____ minutes   **Score :** _____ out of 36

1. 1 + 3
2. 8 + 10
3. 10 + 5
4. 9 + 5
5. 7 + 8
6. 3 + 3
7. 6 + 8
8. 3 + 1
9. 5 + 9
10. 8 + 6
11. 10 + 7
12. 6 + 8
13. 6 + 1
14. 9 + 4
15. 7 + 4
16. 10 + 4
17. 9 + 1
18. 8 + 0
19. 3 + 10
20. 1 + 6
21. 7 + 8
22. 4 + 1
23. 2 + 8
24. 9 + 10
25. 3 + 3
26. 10 + 7
27. 6 + 3
28. 8 + 8
29. 9 + 0
30. 2 + 5
31. 0 + 9
32. 5 + 2
33. 9 + 4
34. 1 + 2
35. 3 + 0
36. 3 + 1

Day 25
Adding digits 0-10

Time : _____ : _____ minutes   **Score :** _____ out of 36

1. 10 + 5
2. 0 + 8
3. 6 + 8
4. 9 + 5
5. 7 + 9
6. 10 + 2
7. 3 + 3
8. 7 + 6
9. 2 + 9
10. 6 + 6
11. 4 + 8
12. 7 + 7
13. 5 + 2
14. 0 + 8
15. 9 + 2
16. 0 + 1
17. 8 + 4
18. 5 + 1
19. 10 + 9
20. 10 + 0
21. 7 + 6
22. 5 + 1
23. 4 + 8
24. 9 + 1
25. 7 + 7
26. 3 + 3
27. 3 + 1
28. 6 + 9
29. 9 + 7
30. 3 + 8
31. 5 + 6
32. 10 + 3
33. 4 + 6
34. 5 + 10
35. 9 + 9
36. 1 + 4

Day 26
Adding digits 0-10

Time : _____ : _____ minutes   **Score :** _____ out of 36

1. 9 + 2
2. 8 + 4
3. 8 + 0
4. 0 + 5
5. 0 + 2
6. 4 + 1
7. 7 + 9
8. 7 + 2
9. 1 + 3
10. 4 + 3
11. 2 + 8
12. 5 + 2
13. 9 + 4
14. 10 + 7
15. 8 + 2
16. 6 + 2
17. 7 + 7
18. 7 + 0
19. 0 + 10
20. 6 + 5
21. 7 + 3
22. 2 + 6
23. 2 + 9
24. 1 + 2
25. 5 + 1
26. 7 + 1
27. 7 + 5
28. 2 + 7
29. 5 + 6
30. 8 + 5
31. 1 + 6
32. 5 + 4
33. 7 + 4
34. 6 + 8
35. 6 + 5
36. 2 + 5

Day 27
Adding digits 0-10

Time : _____ : _____ minutes   **Score :** _____ out of 36

1. 8 + 7
2. 8 + 10
3. 1 + 4
4. 8 + 5
5. 10 + 7
6. 6 + 6
7. 2 + 9
8. 3 + 4
9. 2 + 6
10. 5 + 2
11. 2 + 5
12. 8 + 3
13. 4 + 4
14. 3 + 1
15. 7 + 0
16. 10 + 10
17. 3 + 6
18. 2 + 10
19. 9 + 1
20. 10 + 1
21. 8 + 1
22. 7 + 8
23. 2 + 4
24. 2 + 3
25. 4 + 0
26. 8 + 2
27. 1 + 8
28. 7 + 3
29. 4 + 0
30. 0 + 10
31. 2 + 1
32. 7 + 1
33. 8 + 7
34. 4 + 2
35. 2 + 7
36. 8 + 8

Day 28
Adding digits 0-10

Time : _____ : _____ minutes   **Score :** _____ out of 36

1. 10 + 7
2. 9 + 5
3. 0 + 3
4. 2 + 1
5. 3 + 3
6. 2 + 9
7. 2 + 3
8. 5 + 7
9. 7 + 0
10. 6 + 3
11. 0 + 8
12. 6 + 8
13. 3 + 4
14. 0 + 10
15. 5 + 9
16. 1 + 7
17. 7 + 3
18. 7 + 8
19. 2 + 7
20. 10 + 7
21. 8 + 1
22. 8 + 5
23. 9 + 5
24. 7 + 8
25. 7 + 2
26. 6 + 1
27. 6 + 5
28. 8 + 5
29. 4 + 0
30. 5 + 3
31. 4 + 9
32. 1 + 0
33. 0 + 5
34. 9 + 9
35. 7 + 4
36. 8 + 10

Day 29
Adding digits 0-10

Time : _____ : _____ minutes **Score :** _____ out of 36

1. 6 + 8
2. 10 + 6
3. 10 + 3
4. 10 + 9
5. 3 + 4
6. 1 + 6
7. 2 + 10
8. 6 + 2
9. 8 + 1
10. 6 + 5
11. 6 + 1
12. 2 + 1
13. 2 + 4
14. 9 + 0
15. 3 + 0
16. 2 + 3
17. 8 + 10
18. 1 + 5
19. 1 + 9
20. 10 + 4
21. 10 + 8
22. 3 + 7
23. 2 + 10
24. 4 + 0
25. 9 + 4
26. 2 + 10
27. 8 + 10
28. 2 + 5
29. 8 + 9
30. 5 + 5
31. 3 + 4
32. 4 + 3
33. 5 + 4
34. 2 + 4
35. 4 + 1
36. 5 + 2

Day 30
Adding digits 0-10

Time : _____ : _____ minutes   **Score :** _____ out of 36

1. 0 + 9
2. 2 + 8
3. 4 + 5
4. 4 + 4
5. 6 + 4
6. 1 + 2
7. 7 + 7
8. 8 + 6
9. 6 + 7
10. 4 + 3
11. 1 + 8
12. 0 + 1
13. 5 + 1
14. 9 + 7
15. 0 + 3
16. 8 + 6
17. 7 + 7
18. 6 + 5
19. 0 + 8
20. 6 + 10
21. 1 + 10
22. 8 + 0
23. 3 + 4
24. 5 + 9
25. 9 + 5
26. 1 + 1
27. 8 + 3
28. 5 + 2
29. 5 + 4
30. 7 + 7
31. 5 + 7
32. 5 + 9
33. 3 + 1
34. 10 + 7
35. 7 + 2
36. 2 + 2

Day 31
Adding digits 0-10

Time : _____ : _____ minutes **Score :** _____ out of 36

1. 4 + 3
2. 9 + 5
3. 5 + 3
4. 4 + 1
5. 8 + 3
6. 5 + 2
7. 8 + 5
8. 6 + 5
9. 10 + 8
10. 6 + 2
11. 8 + 5
12. 3 + 9
13. 2 + 4
14. 3 + 4
15. 1 + 1
16. 6 + 7
17. 10 + 6
18. 5 + 7
19. 5 + 0
20. 10 + 6
21. 0 + 9
22. 10 + 5
23. 9 + 6
24. 6 + 6
25. 6 + 0
26. 1 + 1
27. 0 + 3
28. 7 + 1
29. 0 + 8
30. 7 + 5
31. 6 + 0
32. 6 + 3
33. 2 + 10
34. 7 + 7
35. 5 + 4
36. 0 + 1

Day 32
Adding digits 0-10

Time : _____ : _____ minutes   Score : _____ out of 36

1. 2 + 10	2. 9 + 8	3. 0 + 9	4. 8 + 6	5. 7 + 1	6. 9 + 7
7. 7 + 0	8. 5 + 10	9. 10 + 1	10. 6 + 4	11. 9 + 4	12. 8 + 9
13. 10 + 0	14. 1 + 7	15. 3 + 5	16. 3 + 4	17. 2 + 10	18. 9 + 0
19. 4 + 9	20. 7 + 9	21. 3 + 9	22. 8 + 5	23. 8 + 4	24. 2 + 5
25. 8 + 8	26. 0 + 0	27. 0 + 6	28. 3 + 10	29. 1 + 8	30. 0 + 2
31. 6 + 2	32. 9 + 4	33. 7 + 3	34. 10 + 8	35. 8 + 8	36. 8 + 9

Day 33
Adding digits 0-10

Time : _____ : _____ minutes   **Score :** _____ out of 36

1. 6 + 5
2. 7 + 0
3. 0 + 2
4. 6 + 1
5. 4 + 10
6. 1 + 3
7. 0 + 4
8. 8 + 6
9. 7 + 1
10. 4 + 10
11. 3 + 4
12. 3 + 6
13. 9 + 2
14. 7 + 0
15. 7 + 0
16. 5 + 8
17. 2 + 6
18. 3 + 6
19. 9 + 3
20. 1 + 3
21. 2 + 10
22. 4 + 3
23. 8 + 1
24. 0 + 8
25. 0 + 10
26. 5 + 7
27. 5 + 0
28. 6 + 10
29. 1 + 9
30. 9 + 5
31. 8 + 9
32. 9 + 4
33. 6 + 0
34. 3 + 2
35. 6 + 8
36. 10 + 9

Day 34
Adding digits 0-10

Time : _____ : _____ minutes   **Score :** _____ out of 36

1. 1 + 10
2. 8 + 0
3. 9 + 1
4. 8 + 7
5. 10 + 0
6. 8 + 0
7. 7 + 4
8. 0 + 3
9. 4 + 7
10. 3 + 9
11. 10 + 0
12. 1 + 8
13. 4 + 0
14. 9 + 6
15. 5 + 3
16. 4 + 6
17. 0 + 8
18. 10 + 5
19. 0 + 4
20. 2 + 10
21. 8 + 1
22. 5 + 4
23. 6 + 8
24. 5 + 0
25. 1 + 2
26. 7 + 8
27. 3 + 7
28. 9 + 7
29. 3 + 4
30. 2 + 6
31. 1 + 0
32. 0 + 10
33. 3 + 8
34. 8 + 1
35. 1 + 10
36. 1 + 3

Day 35
Adding digits 0-10

Time : _____ : _____ minutes   **Score :** _____ out of 36

1. 10 + 9
2. 4 + 7
3. 6 + 9
4. 3 + 1
5. 8 + 0
6. 10 + 5
7. 0 + 8
8. 0 + 7
9. 7 + 5
10. 9 + 7
11. 2 + 9
12. 2 + 4
13. 9 + 9
14. 9 + 2
15. 0 + 4
16. 6 + 2
17. 6 + 4
18. 10 + 1
19. 9 + 3
20. 9 + 2
21. 7 + 3
22. 0 + 3
23. 10 + 0
24. 1 + 4
25. 5 + 0
26. 3 + 1
27. 10 + 4
28. 10 + 6
29. 9 + 8
30. 8 + 4
31. 7 + 3
32. 9 + 3
33. 10 + 8
34. 9 + 0
35. 6 + 6
36. 6 + 2

Day 36
Subtraction digits 0-10

Time : ___ : ___ minutes   **Score :** ___ out of 36

1. 3 − 8
2. 5 − 5
3. 5 − 1
4. 4 − 4
5. 9 − 4
6. 5 − 5
7. 4 − 0
8. 7 − 3
9. 10 − 6
10. 6 − 6
11. 0 − 10
12. 3 − 9
13. 8 − 4
14. 3 − 6
15. 5 − 3
16. 8 − 4
17. 2 − 9
18. 5 − 1
19. 3 − 9
20. 10 − 1
21. 6 − 3
22. 1 − 7
23. 0 − 7
24. 5 − 8
25. 7 − 0
26. 6 − 2
27. 5 − 6
28. 3 − 9
29. 9 − 0
30. 4 − 1
31. 7 − 5
32. 8 − 8
33. 2 − 6
34. 2 − 7
35. 6 − 6
36. 8 − 7

Day 37
Subtraction digits 0-10

Time : _____ : _____ minutes   **Score :** _____ out of 36

1. 0 - 4
2. 1 - 8
3. 0 - 5
4. 0 - 8
5. 6 - 9
6. 2 - 7
7. 9 - 5
8. 3 - 7
9. 10 - 3
10. 0 - 1
11. 1 - 3
12. 10 - 8
13. 0 - 9
14. 6 - 0
15. 5 - 4
16. 9 - 8
17. 10 - 6
18. 9 - 5
19. 9 - 8
20. 8 - 7
21. 1 - 5
22. 4 - 9
23. 1 - 8
24. 2 - 9
25. 3 - 5
26. 7 - 3
27. 10 - 5
28. 8 - 1
29. 9 - 9
30. 4 - 8
31. 4 - 1
32. 0 - 1
33. 7 - 5
34. 7 - 1
35. 7 - 2
36. 6 - 3

Day 38
Subtraction digits 0-10

Time : _____ : _____ minutes   **Score :** _____ out of 36

1. 4 − 5
2. 10 − 3
3. 9 − 8
4. 10 − 3
5. 5 − 5
6. 3 − 9
7. 7 − 3
8. 7 − 7
9. 0 − 7
10. 0 − 8
11. 0 − 5
12. 10 − 6
13. 9 − 1
14. 8 − 6
15. 5 − 10
16. 3 − 0
17. 10 − 2
18. 8 − 3
19. 3 − 1
20. 9 − 9
21. 4 − 9
22. 8 − 9
23. 8 − 9
24. 4 − 9
25. 6 − 4
26. 0 − 8
27. 3 − 3
28. 10 − 2
29. 0 − 10
30. 10 − 7
31. 8 − 2
32. 10 − 7
33. 4 − 4
34. 1 − 7
35. 0 − 2
36. 2 − 6

38

Day 70
Subtraction digits 0-20

Time : _____ : _____ minutes   **Score :** _____ out of 36

1. 8 − 18
2. 1 − 16
3. 16 − 1
4. 2 − 0
5. 10 − 0
6. 14 − 6
7. 2 − 7
8. 19 − 9
9. 7 − 3
10. 19 − 6
11. 1 − 20
12. 10 − 20
13. 15 − 17
14. 2 − 8
15. 17 − 0
16. 8 − 14
17. 4 − 8
18. 5 − 10
19. 12 − 4
20. 16 − 13
21. 3 − 13
22. 10 − 12
23. 14 − 16
24. 13 − 15
25. 13 − 19
26. 13 − 13
27. 8 − 12
28. 8 − 5
29. 14 − 16
30. 6 − 5
31. 1 − 8
32. 18 − 17
33. 4 − 16
34. 15 − 19
35. 12 − 0
36. 9 − 11

Day 69
Subtraction digits 0-20

Time : _____ : _____ minutes   **Score :** _____ out of 36

1. 11 − 15 =
2. 19 − 3 =
3. 9 − 6 =
4. 3 − 4 =
5. 12 − 17 =
6. 15 − 5 =
7. 7 − 3 =
8. 7 − 18 =
9. 17 − 11 =
10. 10 − 4 =
11. 19 − 8 =
12. 12 − 19 =
13. 7 − 0 =
14. 1 − 3 =
15. 4 − 14 =
16. 3 − 8 =
17. 16 − 17 =
18. 0 − 12 =
19. 5 − 12 =
20. 0 − 5 =
21. 11 − 11 =
22. 10 − 20 =
23. 4 − 7 =
24. 3 − 7 =
25. 14 − 14 =
26. 16 − 8 =
27. 4 − 10 =
28. 5 − 0 =
29. 18 − 18 =
30. 18 − 3 =
31. 4 − 2 =
32. 20 − 6 =
33. 16 − 20 =
34. 18 − 5 =
35. 7 − 1 =
36. 20 − 11 =

Day 68
Subtraction digits 0-20

Time : ____ : ____ minutes   **Score :** ____ out of 36

1. 12 - 0
2. 12 - 18
3. 12 - 17
4. 0 - 14
5. 19 - 16
6. 15 - 7
7. 19 - 9
8. 3 - 6
9. 4 - 15
10. 13 - 3
11. 14 - 3
12. 3 - 6
13. 7 - 5
14. 3 - 5
15. 16 - 14
16. 15 - 10
17. 4 - 19
18. 9 - 1
19. 14 - 14
20. 4 - 0
21. 5 - 6
22. 4 - 17
23. 14 - 2
24. 5 - 9
25. 0 - 13
26. 4 - 3
27. 3 - 3
28. 5 - 9
29. 9 - 6
30. 16 - 11
31. 2 - 15
32. 11 - 4
33. 18 - 2
34. 13 - 6
35. 16 - 6
36. 5 - 1

Day 67
Subtraction digits 0-20

Time : _____ : _____ minutes   **Score :** _____ out of 36

1. 20 − 13
2. 14 − 7
3. 20 − 9
4. 3 − 16
5. 5 − 19
6. 14 − 8
7. 11 − 1
8. 15 − 2
9. 20 − 19
10. 15 − 5
11. 14 − 14
12. 7 − 7
13. 14 − 10
14. 19 − 9
15. 5 − 20
16. 5 − 19
17. 13 − 2
18. 6 − 9
19. 0 − 8
20. 15 − 12
21. 4 − 7
22. 1 − 7
23. 6 − 13
24. 5 − 20
25. 2 − 20
26. 7 − 17
27. 11 − 13
28. 5 − 7
29. 16 − 10
30. 11 − 15
31. 16 − 5
32. 2 − 19
33. 14 − 7
34. 14 − 1
35. 1 − 9
36. 10 − 0

Day 66
Subtraction digits 0-20

Time : _____ : _____ minutes   Score : _____ out of 36

1. 13 − 3
2. 5 − 2
3. 4 − 11
4. 19 − 6
5. 18 − 9
6. 10 − 3
7. 6 − 13
8. 4 − 11
9. 20 − 6
10. 9 − 10
11. 9 − 9
12. 8 − 4
13. 14 − 15
14. 18 − 18
15. 12 − 12
16. 18 − 19
17. 7 − 20
18. 19 − 0
19. 8 − 20
20. 3 − 17
21. 17 − 11
22. 6 − 13
23. 20 − 14
24. 16 − 20
25. 10 − 14
26. 8 − 12
27. 14 − 17
28. 6 − 7
29. 15 − 17
30. 15 − 10
31. 11 − 17
32. 10 − 11
33. 9 − 14
34. 11 − 8
35. 12 − 9
36. 17 − 2

Day 65
Subtraction digits 0-20

Time : _____ : _____ minutes   **Score :** _____ out of 36

1. 17 − 2
2. 9 − 16
3. 11 − 4
4. 14 − 4
5. 18 − 18
6. 8 − 11
7. 13 − 2
8. 11 − 10
9. 20 − 4
10. 10 − 2
11. 6 − 5
12. 1 − 5
13. 14 − 0
14. 17 − 9
15. 13 − 19
16. 11 − 6
17. 12 − 19
18. 19 − 10
19. 0 − 15
20. 19 − 18
21. 5 − 12
22. 14 − 20
23. 13 − 0
24. 0 − 14
25. 3 − 10
26. 17 − 3
27. 5 − 16
28. 19 − 15
29. 17 − 5
30. 19 − 5
31. 14 − 17
32. 15 − 17
33. 10 − 14
34. 17 − 19
35. 3 − 15
36. 11 − 14

Day 64
Subtraction digits 0-20

Time : _____ : _____ minutes   **Score :** _____ out of 36

1. 12 − 13
2. 3 − 3
3. 1 − 6
4. 10 − 3
5. 17 − 10
6. 10 − 2
7. 7 − 0
8. 15 − 15
9. 18 − 14
10. 6 − 16
11. 7 − 11
12. 9 − 4
13. 0 − 0
14. 3 − 6
15. 2 − 16
16. 4 − 7
17. 2 − 12
18. 13 − 14
19. 5 − 15
20. 20 − 3
21. 19 − 17
22. 11 − 2
23. 12 − 4
24. 18 − 6
25. 4 − 14
26. 17 − 8
27. 2 − 12
28. 13 − 14
29. 1 − 2
30. 2 − 1
31. 15 − 1
32. 18 − 8
33. 3 − 11
34. 20 − 15
35. 10 − 9
36. 12 − 2

Day 63
Subtraction digits 0-20

Time : _____ : _____ minutes   Score : _____ out of 36

1. 7 - 6
2. 15 - 1
3. 0 - 0
4. 17 - 3
5. 0 - 20
6. 9 - 15
7. 1 - 4
8. 7 - 14
9. 10 - 14
10. 7 - 10
11. 8 - 12
12. 10 - 1
13. 16 - 10
14. 14 - 17
15. 15 - 12
16. 14 - 2
17. 10 - 4
18. 19 - 17
19. 12 - 7
20. 7 - 0
21. 10 - 10
22. 11 - 17
23. 19 - 18
24. 7 - 8
25. 15 - 16
26. 14 - 15
27. 18 - 16
28. 7 - 2
29. 20 - 15
30. 1 - 8
31. 8 - 18
32. 15 - 19
33. 13 - 17
34. 18 - 10
35. 14 - 2
36. 14 - 5

Day 62
Subtraction digits 0-20

Time : ____ : ____ minutes   Score : ____ out of 36

1. 11 − 15
2. 9 − 13
3. 11 − 6
4. 0 − 2
5. 2 − 5
6. 9 − 3
7. 5 − 13
8. 1 − 4
9. 10 − 11
10. 16 − 14
11. 20 − 19
12. 0 − 12
13. 6 − 11
14. 13 − 7
15. 5 − 16
16. 0 − 7
17. 4 − 1
18. 8 − 9
19. 7 − 20
20. 5 − 5
21. 15 − 5
22. 2 − 12
23. 6 − 7
24. 15 − 1
25. 6 − 1
26. 0 − 3
27. 10 − 19
28. 13 − 18
29. 11 − 1
30. 12 − 2
31. 16 − 8
32. 2 − 12
33. 1 − 10
34. 2 − 7
35. 14 − 1
36. 1 − 20

Day 61
Subtraction digits 0-20

Time : _____ : _____ minutes   Score : _____ out of 36

1. 14 − 10
2. 8 − 5
3. 15 − 16
4. 14 − 5
5. 11 − 5
6. 5 − 19
7. 15 − 6
8. 3 − 4
9. 13 − 10
10. 11 − 12
11. 13 − 9
12. 18 − 6
13. 1 − 14
14. 15 − 12
15. 1 − 7
16. 20 − 18
17. 12 − 14
18. 8 − 20
19. 9 − 20
20. 4 − 17
21. 11 − 4
22. 7 − 20
23. 11 − 6
24. 14 − 15
25. 15 − 14
26. 19 − 15
27. 9 − 20
28. 9 − 9
29. 15 − 20
30. 1 − 17
31. 13 − 18
32. 15 − 15
33. 17 − 9
34. 1 − 15
35. 9 − 0
36. 15 − 18

Day 60
Subtraction digits 0-20

Time : _____ : _____ minutes   **Score :** _____ out of 36

1. 15 − 12
2. 10 − 20
3. 19 − 14
4. 20 − 8
5. 14 − 14
6. 15 − 13
7. 18 − 1
8. 9 − 12
9. 18 − 6
10. 13 − 10
11. 13 − 10
12. 13 − 9
13. 7 − 15
14. 9 − 13
15. 20 − 15
16. 1 − 10
17. 1 − 1
18. 3 − 8
19. 12 − 13
20. 19 − 12
21. 13 − 12
22. 9 − 5
23. 9 − 20
24. 12 − 14
25. 17 − 14
26. 4 − 12
27. 4 − 19
28. 19 − 13
29. 7 − 8
30. 0 − 11
31. 14 − 10
32. 2 − 3
33. 13 − 11
34. 9 − 18
35. 9 − 16
36. 8 − 4

Day 59
Subtraction digits 0-20

Time : _____ : _____ minutes   **Score :** _____ out of 36

1. 4 − 18
2. 14 − 8
3. 3 − 16
4. 10 − 7
5. 2 − 7
6. 17 − 13
7. 4 − 3
8. 3 − 17
9. 5 − 6
10. 18 − 3
11. 8 − 10
12. 14 − 10
13. 11 − 20
14. 8 − 16
15. 7 − 1
16. 13 − 4
17. 3 − 10
18. 4 − 3
19. 2 − 3
20. 19 − 7
21. 5 − 1
22. 0 − 9
23. 3 − 13
24. 12 − 13
25. 20 − 1
26. 6 − 3
27. 15 − 0
28. 2 − 14
29. 9 − 15
30. 5 − 12
31. 9 − 14
32. 1 − 16
33. 4 − 0
34. 7 − 20
35. 6 − 8
36. 17 − 19

Day 58
Subtraction digits 0-20

Time : _____ : _____ minutes   **Score :** _____ out of 36

1. 16 − 5
2. 13 − 11
3. 9 − 2
4. 7 − 17
5. 16 − 6
6. 13 − 1
7. 11 − 19
8. 13 − 6
9. 16 − 19
10. 17 − 15
11. 0 − 14
12. 9 − 3
13. 4 − 4
14. 1 − 1
15. 6 − 3
16. 19 − 4
17. 2 − 4
18. 1 − 10
19. 10 − 18
20. 1 − 10
21. 0 − 1
22. 18 − 17
23. 11 − 11
24. 14 − 17
25. 9 − 0
26. 0 − 3
27. 15 − 17
28. 10 − 7
29. 15 − 9
30. 19 − 3
31. 19 − 18
32. 1 − 5
33. 1 − 14
34. 10 − 5
35. 2 − 2
36. 13 − 6

Day 57
Subtraction digits 0-20

Time : _____ : _____ minutes **Score :** _____ out of 36

1. 6 − 5
2. 0 − 5
3. 19 − 7
4. 0 − 2
5. 2 − 8
6. 6 − 15
7. 4 − 9
8. 17 − 4
9. 15 − 5
10. 5 − 16
11. 1 − 14
12. 3 − 1
13. 1 − 20
14. 5 − 6
15. 7 − 8
16. 15 − 6
17. 1 − 0
18. 17 − 8
19. 9 − 4
20. 15 − 6
21. 15 − 1
22. 10 − 2
23. 17 − 4
24. 8 − 17
25. 18 − 12
26. 16 − 8
27. 9 − 8
28. 16 − 18
29. 3 − 19
30. 18 − 8
31. 2 − 4
32. 18 − 12
33. 8 − 16
34. 13 − 19
35. 17 − 20
36. 15 − 18

Day 56
Subtraction digits 10-20

Time : ____ : ____ minutes **Score :** ____ out of 36

1. 17 − 15

2. 11 − 15

3. 16 − 16

4. 18 − 17

5. 20 − 10

6. 16 − 14

7. 16 − 15

8. 15 − 12

9. 10 − 20

10. 17 − 16

11. 15 − 16

12. 10 − 11

13. 17 − 13

14. 12 − 20

15. 10 − 12

16. 18 − 13

17. 19 − 14

18. 14 − 10

19. 20 − 16

20. 15 − 17

21. 11 − 18

22. 17 − 17

23. 14 − 12

24. 16 − 10

25. 20 − 13

26. 20 − 11

27. 19 − 11

28. 14 − 12

29. 15 − 18

30. 12 − 10

31. 12 − 10

32. 20 − 17

33. 13 − 19

34. 10 − 11

35. 14 − 12

36. 15 − 19

Day 55
Subtraction digits 10-20

Time : _____ : _____ minutes   **Score :** _____ out of 36

1. 11 − 13	2. 10 − 13	3. 17 − 15	4. 10 − 14	5. 14 − 19	6. 18 − 12
7. 16 − 13	8. 15 − 17	9. 10 − 12	10. 18 − 18	11. 11 − 14	12. 18 − 11
13. 10 − 16	14. 13 − 14	15. 20 − 14	16. 16 − 10	17. 17 − 20	18. 15 − 11
19. 17 − 12	20. 15 − 19	21. 18 − 20	22. 20 − 14	23. 19 − 18	24. 15 − 14
25. 13 − 13	26. 14 − 16	27. 18 − 15	28. 12 − 17	29. 10 − 17	30. 16 − 12
31. 10 − 12	32. 14 − 12	33. 10 − 17	34. 14 − 15	35. 19 − 18	36. 15 − 13

Day 54
Subtraction digits 10-20

Time : _____ : _____ minutes   Score : _____ out of 36

1. 16 − 19
2. 17 − 17
3. 18 − 13
4. 18 − 10
5. 11 − 20
6. 17 − 14
7. 20 − 14
8. 20 − 10
9. 12 − 10
10. 12 − 13
11. 15 − 20
12. 19 − 16
13. 20 − 12
14. 18 − 11
15. 16 − 17
16. 16 − 17
17. 12 − 11
18. 16 − 11
19. 11 − 15
20. 15 − 16
21. 15 − 20
22. 18 − 20
23. 18 − 12
24. 19 − 19
25. 18 − 20
26. 16 − 13
27. 10 − 10
28. 16 − 14
29. 14 − 19
30. 13 − 18
31. 18 − 19
32. 18 − 15
33. 15 − 20
34. 20 − 18
35. 19 − 14
36. 14 − 13

Day 53
Subtraction digits 10-20

Time : _____ : _____ minutes   **Score :** _____ out of 36

1) 15 − 10
2) 18 − 10
3) 12 − 13
4) 20 − 17
5) 13 − 17
6) 10 − 19
7) 14 − 10
8) 13 − 20
9) 16 − 17
10) 19 − 19
11) 14 − 20
12) 20 − 10
13) 10 − 11
14) 12 − 15
15) 14 − 17
16) 18 − 14
17) 20 − 18
18) 12 − 13
19) 17 − 10
20) 15 − 20
21) 15 − 19
22) 20 − 16
23) 19 − 19
24) 14 − 15
25) 10 − 17
26) 15 − 19
27) 16 − 18
28) 12 − 10
29) 17 − 10
30) 14 − 11
31) 19 − 19
32) 20 − 20
33) 13 − 20
34) 13 − 16
35) 12 − 11
36) 19 − 10

Day 52
Subtraction digits 10-20

Time : _____ : _____ minutes   **Score :** _____ out of 36

1. 17 − 10
2. 10 − 13
3. 10 − 17
4. 12 − 16
5. 12 − 12
6. 17 − 14
7. 11 − 17
8. 17 − 19
9. 19 − 17
10. 18 − 17
11. 13 − 18
12. 20 − 18
13. 13 − 12
14. 14 − 10
15. 19 − 20
16. 14 − 15
17. 18 − 20
18. 16 − 16
19. 17 − 12
20. 14 − 17
21. 16 − 19
22. 20 − 20
23. 12 − 19
24. 12 − 18
25. 17 − 16
26. 13 − 10
27. 17 − 15
28. 20 − 15
29. 11 − 15
30. 10 − 19
31. 11 − 10
32. 12 − 15
33. 14 − 10
34. 17 − 20
35. 13 − 14
36. 12 − 16

Day 51
Subtraction digits 10-20

Time : ____ : ____ minutes   **Score :** ____ out of 36

1. 12 − 19
2. 11 − 13
3. 13 − 19
4. 20 − 11
5. 16 − 13
6. 20 − 18
7. 18 − 12
8. 10 − 12
9. 18 − 19
10. 15 − 10
11. 20 − 18
12. 19 − 10
13. 12 − 18
14. 14 − 11
15. 17 − 20
16. 18 − 16
17. 11 − 17
18. 13 − 20
19. 10 − 19
20. 14 − 14
21. 15 − 13
22. 11 − 16
23. 20 − 16
24. 12 − 13
25. 10 − 12
26. 19 − 16
27. 13 − 19
28. 10 − 18
29. 15 − 16
30. 13 − 13
31. 18 − 20
32. 20 − 19
33. 15 − 12
34. 15 − 20
35. 14 − 18
36. 10 − 15

Day 50
Subtraction digits 10-20

Time : _____ : _____ minutes   **Score :** _____ out of 36

1. 15 − 14
2. 11 − 19
3. 20 − 16
4. 19 − 15
5. 10 − 20
6. 14 − 17
7. 20 − 13
8. 10 − 14
9. 14 − 11
10. 11 − 17
11. 18 − 19
12. 12 − 16
13. 19 − 18
14. 10 − 10
15. 19 − 17
16. 16 − 16
17. 10 − 11
18. 18 − 11
19. 16 − 11
20. 13 − 18
21. 13 − 17
22. 17 − 20
23. 14 − 12
24. 19 − 19
25. 19 − 20
26. 10 − 11
27. 18 − 17
28. 10 − 17
29. 14 − 17
30. 16 − 15
31. 20 − 10
32. 20 − 16
33. 11 − 18
34. 18 − 12
35. 16 − 19
36. 14 − 13

Day 49
Subtraction digits 10-20

Time : _____ : _____ minutes   **Score :** _____ out of 36

1. 12 − 11
2. 13 − 11
3. 19 − 12
4. 19 − 12
5. 20 − 17
6. 12 − 14
7. 12 − 13
8. 12 − 20
9. 14 − 11
10. 16 − 14
11. 19 − 16
12. 18 − 16
13. 12 − 18
14. 12 − 13
15. 20 − 11
16. 12 − 10
17. 17 − 10
18. 20 − 18
19. 15 − 13
20. 15 − 17
21. 11 − 19
22. 16 − 11
23. 17 − 10
24. 13 − 20
25. 13 − 16
26. 12 − 18
27. 19 − 11
28. 18 − 15
29. 18 − 11
30. 20 − 10
31. 20 − 19
32. 20 − 14
33. 13 − 16
34. 19 − 10
35. 18 − 14
36. 14 − 13

Day 48
Subtraction digits 10-20

Time : _____ : _____ minutes   **Score :** _____ out of 36

1. 19 − 17
2. 20 − 10
3. 12 − 12
4. 15 − 14
5. 10 − 13
6. 15 − 19
7. 19 − 11
8. 11 − 12
9. 10 − 13
10. 20 − 14
11. 12 − 19
12. 14 − 14
13. 16 − 14
14. 10 − 16
15. 18 − 17
16. 18 − 10
17. 16 − 11
18. 17 − 10
19. 16 − 10
20. 20 − 17
21. 14 − 11
22. 14 − 12
23. 20 − 17
24. 20 − 17
25. 13 − 18
26. 12 − 20
27. 10 − 10
28. 20 − 15
29. 14 − 16
30. 15 − 11
31. 16 − 19
32. 11 − 18
33. 12 − 15
34. 13 − 11
35. 16 − 13
36. 17 − 19

Day 47
Subtraction digits 10-20

Time : _____ : _____ minutes   **Score :** _____ out of 36

1. 18 − 13
2. 17 − 17
3. 10 − 12
4. 14 − 13
5. 17 − 14
6. 19 − 17
7. 11 − 14
8. 20 − 19
9. 11 − 12
10. 12 − 10
11. 17 − 18
12. 13 − 20
13. 13 − 12
14. 10 − 10
15. 18 − 10
16. 14 − 17
17. 12 − 17
18. 10 − 20
19. 17 − 10
20. 18 − 20
21. 17 − 11
22. 15 − 16
23. 14 − 14
24. 11 − 17
25. 15 − 14
26. 17 − 14
27. 10 − 10
28. 15 − 16
29. 14 − 10
30. 17 − 12
31. 14 − 19
32. 16 − 15
33. 13 − 13
34. 15 − 17
35. 14 − 11
36. 12 − 12

Day 46
Subtraction digits 10-20

Time : _____ : _____ minutes   **Score :** _____ out of 36

1. 18 − 20
2. 16 − 19
3. 20 − 10
4. 14 − 16
5. 12 − 15
6. 12 − 11
7. 11 − 20
8. 13 − 19
9. 18 − 15
10. 11 − 13
11. 13 − 17
12. 14 − 14
13. 19 − 12
14. 10 − 16
15. 11 − 20
16. 10 − 20
17. 12 − 20
18. 11 − 15
19. 10 − 17
20. 12 − 10
21. 13 − 18
22. 19 − 13
23. 13 − 18
24. 19 − 20
25. 18 − 18
26. 17 − 14
27. 16 − 17
28. 17 − 20
29. 11 − 16
30. 10 − 12
31. 12 − 20
32. 14 − 14
33. 17 − 10
34. 14 − 16
35. 10 − 19
36. 17 − 14

Day 45
Subtraction digits 10-20

Time : _____ : _____ minutes   Score : _____ out of 36

1. 17 - 11
2. 15 - 20
3. 16 - 17
4. 19 - 19
5. 17 - 17
6. 11 - 20
7. 11 - 18
8. 20 - 13
9. 19 - 13
10. 14 - 11
11. 12 - 15
12. 19 - 17
13. 11 - 19
14. 20 - 10
15. 10 - 17
16. 18 - 13
17. 14 - 14
18. 11 - 18
19. 14 - 11
20. 14 - 20
21. 14 - 15
22. 13 - 18
23. 13 - 18
24. 20 - 20
25. 11 - 17
26. 15 - 11
27. 11 - 17
28. 17 - 10
29. 14 - 11
30. 19 - 20
31. 13 - 20
32. 10 - 12
33. 15 - 19
34. 13 - 16
35. 14 - 10
36. 18 - 17

Day 44
Subtraction digits 10-20

Time : _____ minutes   **Score :** _____ out of 36

1. 16 − 19
2. 17 − 10
3. 17 − 13
4. 17 − 15
5. 12 − 13
6. 16 − 12
7. 15 − 12
8. 18 − 18
9. 14 − 11
10. 17 − 14
11. 10 − 11
12. 19 − 10
13. 15 − 19
14. 15 − 18
15. 13 − 14
16. 13 − 15
17. 15 − 15
18. 11 − 11
19. 17 − 11
20. 18 − 15
21. 13 − 15
22. 18 − 13
23. 12 − 13
24. 12 − 20
25. 16 − 12
26. 13 − 12
27. 17 − 15
28. 20 − 16
29. 20 − 11
30. 14 − 10
31. 11 − 20
32. 12 − 15
33. 12 − 11
34. 20 − 15
35. 19 − 20
36. 15 − 18

Day 43
Subtraction digits 10-20

Time : _____ : _____ minutes   **Score :** _____ out of 36

1. 13 − 14
2. 17 − 18
3. 11 − 10
4. 13 − 14
5. 10 − 11
6. 18 − 12
7. 15 − 14
8. 18 − 19
9. 16 − 13
10. 15 − 11
11. 19 − 13
12. 19 − 14
13. 15 − 11
14. 19 − 10
15. 15 − 16
16. 20 − 11
17. 13 − 14
18. 17 − 11
19. 13 − 20
20. 12 − 15
21. 18 − 16
22. 14 − 20
23. 16 − 20
24. 16 − 18
25. 16 − 15
26. 10 − 18
27. 19 − 10
28. 15 − 20
29. 15 − 15
30. 19 − 18
31. 10 − 18
32. 10 − 10
33. 14 − 15
34. 14 − 15
35. 18 − 16
36. 20 − 12

Day 42
Subtraction digits 0-10

Time: _____ : _____ minutes   **Score:** _____ out of 36

1. 5 − 2
2. 10 − 6
3. 7 − 2
4. 6 − 8
5. 1 − 0
6. 9 − 2
7. 8 − 2
8. 5 − 8
9. 9 − 8
10. 9 − 4
11. 5 − 7
12. 4 − 10
13. 6 − 10
14. 2 − 8
15. 3 − 10
16. 5 − 10
17. 4 − 7
18. 1 − 2
19. 9 − 6
20. 1 − 10
21. 8 − 3
22. 9 − 9
23. 5 − 9
24. 3 − 6
25. 6 − 1
26. 3 − 8
27. 5 − 5
28. 6 − 5
29. 8 − 4
30. 7 − 1
31. 7 − 6
32. 5 − 9
33. 1 − 3
34. 4 − 9
35. 3 − 3
36. 8 − 0

Day 41
Subtraction digits 0-10

Time : _____ : _____ minutes   **Score :** _____ out of 36

1. 5 - 0
2. 4 - 7
3. 10 - 3
4. 2 - 0
5. 0 - 6
6. 10 - 8
7. 8 - 3
8. 0 - 1
9. 7 - 7
10. 6 - 2
11. 3 - 0
12. 2 - 4
13. 10 - 8
14. 6 - 3
15. 5 - 1
16. 3 - 6
17. 7 - 5
18. 3 - 1
19. 1 - 2
20. 4 - 1
21. 1 - 2
22. 10 - 5
23. 4 - 7
24. 0 - 6
25. 3 - 3
26. 10 - 4
27. 10 - 8
28. 5 - 10
29. 5 - 4
30. 3 - 1
31. 7 - 3
32. 4 - 5
33. 5 - 6
34. 1 - 5
35. 5 - 8
36. 9 - 8

Day 40
Subtraction digits 0-10

Time : _____ : _____ minutes   **Score :** _____ out of 36

1. 2 − 2
2. 0 − 5
3. 8 − 6
4. 10 − 1
5. 3 − 7
6. 9 − 9
7. 3 − 1
8. 8 − 0
9. 6 − 7
10. 9 − 8
11. 1 − 6
12. 8 − 7
13. 5 − 8
14. 6 − 9
15. 2 − 9
16. 2 − 4
17. 6 − 10
18. 9 − 1
19. 9 − 9
20. 1 − 0
21. 8 − 6
22. 9 − 10
23. 2 − 8
24. 1 − 3
25. 5 − 7
26. 8 − 4
27. 2 − 7
28. 8 − 2
29. 2 − 7
30. 9 − 4
31. 10 − 7
32. 6 − 8
33. 9 − 2
34. 10 − 6
35. 9 − 4
36. 4 − 10

Day 39
Subtraction digits 0-10

Time : _____ : _____ minutes   **Score :** _____ out of 36

1. 9 − 5
2. 6 − 5
3. 5 − 8
4. 2 − 2
5. 6 − 7
6. 7 − 7
7. 4 − 1
8. 0 − 0
9. 6 − 8
10. 3 − 8
11. 9 − 7
12. 6 − 8
13. 1 − 3
14. 4 − 1
15. 4 − 0
16. 4 − 3
17. 9 − 6
18. 6 − 2
19. 1 − 5
20. 4 − 6
21. 2 − 8
22. 4 − 2
23. 3 − 7
24. 4 − 1
25. 1 − 10
26. 7 − 2
27. 4 − 3
28. 6 − 0
29. 10 − 9
30. 2 − 6
31. 9 − 0
32. 8 − 3
33. 5 − 1
34. 10 − 6
35. 4 − 8
36. 1 − 5

SOLUTION

1 2 3 4 5

6 7 8 9 10

Day 1	Day 2	Day 3	Day 4	Day 5	Day 6	Day 7
1 = 8	1 = 5	1 = 5	1 = 2	1 = 3	1 = 8	1 = 3
2 = 4	2 = 1	2 = 2	2 = 6	2 = 7	2 = 6	2 = 6
3 = 4	3 = 0	3 = 5	3 = 2	3 = 1	3 = 7	3 = 6
4 = 2	4 = 10	4 = 6	4 = 7	4 = 9	4 = 6	4 = 9
5 = 6	5 = 8	5 = 4	5 = 5	5 = 3	5 = 3	5 = 8
6 = 3	6 = 2	6 = 3	6 = 6	6 = 7	6 = 6	6 = 8
7 = 10	7 = 2	7 = 4	7 = 0	7 = 0	7 = 8	7 = 9
8 = 4	8 = 0	8 = 6	8 = 5	8 = 8	8 = 1	8 = 1
9 = 5	9 = 0	9 = 0	9 = 7	9 = 3	9 = 5	9 = 8
10 = 9	10 = 7	10 = 5	10 = 5	10 = 9	10 = 6	10 = 10
11 = 9	11 = 9	11 = 6	11 = 4	11 = 5	11 = 4	11 = 9
12 = 5	12 = 4	12 = 5	12 = 5	12 = 0	12 = 3	12 = 5
13 = 7	13 = 7	13 = 4	13 = 8	13 = 1	13 = 6	13 = 6
14 = 2	14 = 3	14 = 5	14 = 9	14 = 0	14 = 6	14 = 0
15 = 6	15 = 4	15 = 4	15 = 9	15 = 6	15 = 4	15 = 2
16 = 5	16 = 7	16 = 1	16 = 9	16 = 1	16 = 4	16 = 7
17 = 4	17 = 0	17 = 5	17 = 9	17 = 3	17 = 2	17 = 2
18 = 2	18 = 1	18 = 8	18 = 4	18 = 0	18 = 8	18 = 9
19 = 1	19 = 4	19 = 5	19 = 6	19 = 5	19 = 3	19 = 5
20 = 8	20 = 1	20 = 2	20 = 3	20 = 5	20 = 7	20 = 4
21 = 3	21 = 6	21 = 9	21 = 3	21 = 5	21 = 2	21 = 5
22 = 9	22 = 5	22 = 5	22 = 9	22 = 4	22 = 7	22 = 2
23 = 6	23 = 1	23 = 6	23 = 5	23 = 4	23 = 3	23 = 3
24 = 9	24 = 9	24 = 7	24 = 8	24 = 1	24 = 9	24 = 9
25 = 5	25 = 7	25 = 6	25 = 4	25 = 6	25 = 9	25 = 9
26 = 10	26 = 9	26 = 7	26 = 6	26 = 5	26 = 7	26 = 7
27 = 5	27 = 4	27 = 3	27 = 6	27 = 8	27 = 3	27 = 6
28 = 3	28 = 4	28 = 6	28 = 2	28 = 5	28 = 8	28 = 7
29 = 2	29 = 2	29 = 2	29 = 0	29 = 8	29 = 8	29 = 8
30 = 6	30 = 3	30 = 6	30 = 3	30 = 3	30 = 3	30 = 2
31 = 7	31 = 2	31 = 4	31 = 2	31 = 1	31 = 5	31 = 7
32 = 9	32 = 6	32 = 6	32 = 5	32 = 5	32 = 3	32 = 3
33 = 7	33 = 0	33 = 6	33 = 4	33 = 5	33 = 5	33 = 10
34 = 4	34 = 10	34 = 2	34 = 3	34 = 0	34 = 6	34 = 0
35 = 7	35 = 8	35 = 7	35 = 8	35 = 7	35 = 1	35 = 3
36 = 6	36 = 8	36 = 6	36 = 1	36 = 3	36 = 3	36 = 8

Day 8	Day 9	Day 10	Day 11	Day 12	Day 13	Day 14
1 = 5	1 = 10	1 = 1	1 = 11	1 = 12	1 = 6	1 = 4
2 = 5	2 = 7	2 = 6	2 = 12	2 = 4	2 = 9	2 = 4
3 = 3	3 = 6	3 = 9	3 = 11	3 = 9	3 = 13	3 = 10
4 = 11	4 = 1	4 = 9	4 = 12	4 = 6	4 = 4	4 = 11
5 = 9	5 = 5	5 = 6	5 = 7	5 = 7	5 = 6	5 = 7
6 = 9	6 = 8	6 = 4	6 = 11	6 = 7	6 = 4	6 = 11
7 = 13	7 = 9	7 = 11	7 = 3	7 = 10	7 = 6	7 = 7
8 = 6	8 = 6	8 = 6	8 = 6	8 = 5	8 = 9	8 = 2
9 = 9	9 = 8	9 = 10	9 = 9	9 = 9	9 = 9	9 = 5
10 = 7	10 = 7	10 = 7	10 = 9	10 = 11	10 = 8	10 = 1
11 = 13	11 = 10	11 = 6	11 = 9	11 = 3	11 = 7	11 = 8
12 = 9	12 = 12	12 = 8	12 = 2	12 = 5	12 = 8	12 = 9
13 = 0	13 = 6	13 = 7	13 = 14	13 = 8	13 = 6	13 = 7
14 = 8	14 = 8	14 = 13	14 = 6	14 = 3	14 = 5	14 = 10
15 = 11	15 = 10	15 = 8	15 = 10	15 = 6	15 = 6	15 = 12
16 = 8	16 = 10	16 = 7	16 = 7	16 = 3	16 = 9	16 = 6
17 = 4	17 = 9	17 = 7	17 = 8	17 = 10	17 = 6	17 = 1
18 = 4	18 = 4	18 = 7	18 = 4	18 = 11	18 = 4	18 = 8
19 = 11	19 = 8	19 = 11	19 = 7	19 = 8	19 = 7	19 = 7
20 = 7	20 = 8	20 = 11	20 = 9	20 = 6	20 = 13	20 = 6
21 = 12	21 = 10	21 = 7	21 = 10	21 = 10	21 = 8	21 = 7
22 = 8	22 = 9	22 = 5	22 = 14	22 = 1	22 = 10	22 = 2
23 = 11	23 = 5	23 = 9	23 = 13	23 = 7	23 = 1	23 = 13
24 = 7	24 = 7	24 = 10	24 = 5	24 = 6	24 = 3	24 = 7
25 = 5	25 = 13	25 = 9	25 = 12	25 = 4	25 = 7	25 = 6
26 = 8	26 = 8	26 = 11	26 = 6	26 = 3	26 = 7	26 = 11
27 = 12	27 = 5	27 = 4	27 = 7	27 = 10	27 = 7	27 = 7
28 = 1	28 = 8	28 = 3	28 = 5	28 = 2	28 = 12	28 = 3
29 = 9	29 = 5	29 = 8	29 = 1	29 = 12	29 = 2	29 = 3
30 = 11	30 = 10	30 = 4	30 = 2	30 = 9	30 = 9	30 = 4
31 = 4	31 = 5	31 = 8	31 = 6	31 = 11	31 = 10	31 = 14
32 = 5	32 = 3	32 = 9	32 = 6	32 = 10	32 = 3	32 = 13
33 = 6	33 = 11	33 = 8	33 = 7	33 = 12	33 = 6	33 = 13
34 = 6	34 = 4	34 = 9	34 = 8	34 = 14	34 = 3	34 = 10
35 = 4	35 = 7	35 = 2	35 = 4	35 = 8	35 = 9	35 = 6
36 = 9	36 = 12	36 = 7	36 = 5	36 = 7	36 = 7	36 = 5

Day 15	Day 16	Day 17	Day 18	Day 19	Day 20	Day 21
1 = 10	1 = 17	1 = 9	1 = 16	1 = 12	1 = 13	1 = 10
2 = 10	2 = 11	2 = 11	2 = 7	2 = 8	2 = 20	2 = 17
3 = 18	3 = 5	3 = 5	3 = 7	3 = 9	3 = 10	3 = 5
4 = 4	4 = 6	4 = 5	4 = 13	4 = 14	4 = 12	4 = 12
5 = 3	5 = 9	5 = 15	5 = 3	5 = 8	5 = 4	5 = 7
6 = 5	6 = 10	6 = 8	6 = 5	6 = 15	6 = 9	6 = 10
7 = 4	7 = 14	7 = 10	7 = 3	7 = 19	7 = 10	7 = 18
8 = 12	8 = 20	8 = 15	8 = 8	8 = 7	8 = 4	8 = 6
9 = 10	9 = 10	9 = 11	9 = 12	9 = 9	9 = 17	9 = 8
10 = 7	10 = 4	10 = 15	10 = 12	10 = 15	10 = 8	10 = 5
11 = 4	11 = 7	11 = 11	11 = 15	11 = 7	11 = 20	11 = 9
12 = 8	12 = 11	12 = 12	12 = 8	12 = 16	12 = 4	12 = 9
13 = 18	13 = 14	13 = 9	13 = 15	13 = 17	13 = 11	13 = 9
14 = 13	14 = 7	14 = 0	14 = 3	14 = 11	14 = 7	14 = 11
15 = 10	15 = 9	15 = 8	15 = 1	15 = 8	15 = 3	15 = 10
16 = 16	16 = 16	16 = 17	16 = 15	16 = 11	16 = 6	16 = 9
17 = 20	17 = 14	17 = 7	17 = 9	17 = 12	17 = 8	17 = 15
18 = 8	18 = 12	18 = 15	18 = 6	18 = 17	18 = 14	18 = 6
19 = 15	19 = 14	19 = 3	19 = 15	19 = 8	19 = 7	19 = 16
20 = 15	20 = 11	20 = 15	20 = 7	20 = 8	20 = 15	20 = 7
21 = 9	21 = 6	21 = 3	21 = 17	21 = 9	21 = 7	21 = 12
22 = 16	22 = 7	22 = 11	22 = 4	22 = 7	22 = 14	22 = 16
23 = 6	23 = 12	23 = 13	23 = 12	23 = 7	23 = 11	23 = 8
24 = 13	24 = 6	24 = 9	24 = 8	24 = 15	24 = 4	24 = 11
25 = 9	25 = 12	25 = 15	25 = 9	25 = 11	25 = 12	25 = 12
26 = 9	26 = 5	26 = 1	26 = 13	26 = 11	26 = 11	26 = 12
27 = 7	27 = 9	27 = 7	27 = 9	27 = 10	27 = 18	27 = 18
28 = 15	28 = 9	28 = 9	28 = 9	28 = 12	28 = 7	28 = 12
29 = 9	29 = 4	29 = 6	29 = 6	29 = 5	29 = 12	29 = 15
30 = 19	30 = 17	30 = 17	30 = 15	30 = 20	30 = 11	30 = 12
31 = 13	31 = 2	31 = 10	31 = 15	31 = 14	31 = 12	31 = 4
32 = 13	32 = 9	32 = 10	32 = 8	32 = 14	32 = 18	32 = 10
33 = 4	33 = 9	33 = 15	33 = 9	33 = 10	33 = 10	33 = 13
34 = 3	34 = 8	34 = 12	34 = 1	34 = 5	34 = 7	34 = 9
35 = 5	35 = 6	35 = 9	35 = 14	35 = 9	35 = 16	35 = 11
36 = 13	36 = 2	36 = 12	36 = 7	36 = 11	36 = 9	36 = 17

Day 22	Day 23	Day 24	Day 25	Day 26	Day 27	Day 28
1 = 4	1 = 1	1 = 4	1 = 15	1 = 11	1 = 15	1 = 17
2 = 11	2 = 17	2 = 18	2 = 8	2 = 12	2 = 18	2 = 14
3 = 13	3 = 5	3 = 15	3 = 14	3 = 8	3 = 5	3 = 3
4 = 13	4 = 9	4 = 14	4 = 14	4 = 5	4 = 13	4 = 3
5 = 9	5 = 17	5 = 15	5 = 16	5 = 2	5 = 17	5 = 6
6 = 13	6 = 9	6 = 6	6 = 12	6 = 5	6 = 12	6 = 11
7 = 9	7 = 10	7 = 14	7 = 6	7 = 16	7 = 11	7 = 5
8 = 9	8 = 9	8 = 4	8 = 13	8 = 9	8 = 7	8 = 12
9 = 14	9 = 10	9 = 14	9 = 11	9 = 4	9 = 8	9 = 7
10 = 6	10 = 8	10 = 14	10 = 12	10 = 7	10 = 7	10 = 9
11 = 7	11 = 5	11 = 17	11 = 12	11 = 10	11 = 7	11 = 8
12 = 5	12 = 10	12 = 14	12 = 14	12 = 7	12 = 11	12 = 14
13 = 3	13 = 5	13 = 7	13 = 7	13 = 13	13 = 8	13 = 7
14 = 4	14 = 11	14 = 13	14 = 8	14 = 17	14 = 4	14 = 10
15 = 14	15 = 8	15 = 11	15 = 11	15 = 10	15 = 7	15 = 14
16 = 1	16 = 10	16 = 14	16 = 1	16 = 8	16 = 20	16 = 8
17 = 16	17 = 8	17 = 10	17 = 12	17 = 14	17 = 9	17 = 10
18 = 5	18 = 15	18 = 8	18 = 6	18 = 7	18 = 12	18 = 15
19 = 18	19 = 19	19 = 13	19 = 19	19 = 10	19 = 10	19 = 9
20 = 16	20 = 19	20 = 7	20 = 10	20 = 11	20 = 11	20 = 17
21 = 4	21 = 6	21 = 15	21 = 13	21 = 10	21 = 9	21 = 9
22 = 9	22 = 19	22 = 5	22 = 6	22 = 8	22 = 15	22 = 13
23 = 14	23 = 17	23 = 10	23 = 12	23 = 11	23 = 6	23 = 14
24 = 10	24 = 13	24 = 19	24 = 10	24 = 3	24 = 5	24 = 15
25 = 5	25 = 7	25 = 6	25 = 14	25 = 6	25 = 4	25 = 9
26 = 6	26 = 8	26 = 17	26 = 6	26 = 8	26 = 10	26 = 7
27 = 8	27 = 10	27 = 9	27 = 4	27 = 12	27 = 9	27 = 11
28 = 16	28 = 9	28 = 16	28 = 15	28 = 9	28 = 10	28 = 13
29 = 10	29 = 13	29 = 9	29 = 16	29 = 11	29 = 4	29 = 4
30 = 8	30 = 13	30 = 7	30 = 11	30 = 13	30 = 10	30 = 8
31 = 8	31 = 10	31 = 9	31 = 11	31 = 7	31 = 3	31 = 13
32 = 6	32 = 13	32 = 7	32 = 13	32 = 9	32 = 8	32 = 1
33 = 10	33 = 10	33 = 13	33 = 10	33 = 11	33 = 15	33 = 5
34 = 11	34 = 10	34 = 3	34 = 15	34 = 14	34 = 6	34 = 18
35 = 13	35 = 17	35 = 3	35 = 18	35 = 11	35 = 9	35 = 11
36 = 4	36 = 7	36 = 4	36 = 5	36 = 7	36 = 16	36 = 18

Day 29	Day 30	Day 31	Day 32	Day 33	Day 34	Day 35
1 = 14	1 = 9	1 = 7	1 = 12	1 = 11	1 = 11	1 = 19
2 = 16	2 = 10	2 = 14	2 = 17	2 = 7	2 = 8	2 = 11
3 = 13	3 = 9	3 = 8	3 = 9	3 = 2	3 = 10	3 = 15
4 = 19	4 = 8	4 = 5	4 = 14	4 = 7	4 = 15	4 = 4
5 = 7	5 = 10	5 = 11	5 = 8	5 = 14	5 = 10	5 = 8
6 = 7	6 = 3	6 = 7	6 = 16	6 = 4	6 = 8	6 = 15
7 = 12	7 = 14	7 = 13	7 = 7	7 = 4	7 = 11	7 = 8
8 = 8	8 = 14	8 = 11	8 = 15	8 = 14	8 = 3	8 = 7
9 = 9	9 = 13	9 = 18	9 = 11	9 = 8	9 = 11	9 = 12
10 = 11	10 = 7	10 = 8	10 = 10	10 = 14	10 = 12	10 = 16
11 = 7	11 = 9	11 = 13	11 = 13	11 = 7	11 = 10	11 = 11
12 = 3	12 = 1	12 = 12	12 = 17	12 = 9	12 = 9	12 = 6
13 = 6	13 = 6	13 = 6	13 = 10	13 = 11	13 = 4	13 = 18
14 = 9	14 = 16	14 = 7	14 = 8	14 = 7	14 = 15	14 = 11
15 = 3	15 = 3	15 = 2	15 = 8	15 = 7	15 = 8	15 = 4
16 = 5	16 = 14	16 = 13	16 = 7	16 = 13	16 = 10	16 = 8
17 = 18	17 = 14	17 = 16	17 = 12	17 = 8	17 = 8	17 = 10
18 = 6	18 = 11	18 = 12	18 = 9	18 = 9	18 = 15	18 = 11
19 = 10	19 = 8	19 = 5	19 = 13	19 = 12	19 = 4	19 = 12
20 = 14	20 = 16	20 = 16	20 = 16	20 = 4	20 = 12	20 = 11
21 = 18	21 = 11	21 = 9	21 = 12	21 = 12	21 = 9	21 = 10
22 = 10	22 = 8	22 = 15	22 = 13	22 = 7	22 = 9	22 = 3
23 = 12	23 = 7	23 = 15	23 = 12	23 = 9	23 = 14	23 = 10
24 = 4	24 = 14	24 = 12	24 = 7	24 = 8	24 = 5	24 = 5
25 = 13	25 = 14	25 = 6	25 = 16	25 = 10	25 = 3	25 = 5
26 = 12	26 = 2	26 = 2	26 = 0	26 = 12	26 = 15	26 = 4
27 = 18	27 = 11	27 = 3	27 = 6	27 = 5	27 = 10	27 = 14
28 = 7	28 = 7	28 = 8	28 = 13	28 = 16	28 = 16	28 = 16
29 = 17	29 = 9	29 = 8	29 = 9	29 = 10	29 = 7	29 = 17
30 = 10	30 = 14	30 = 12	30 = 2	30 = 14	30 = 8	30 = 12
31 = 7	31 = 12	31 = 6	31 = 8	31 = 17	31 = 1	31 = 10
32 = 7	32 = 14	32 = 9	32 = 13	32 = 13	32 = 10	32 = 12
33 = 9	33 = 4	33 = 12	33 = 10	33 = 6	33 = 11	33 = 18
34 = 6	34 = 17	34 = 14	34 = 18	34 = 5	34 = 9	34 = 9
35 = 5	35 = 9	35 = 9	35 = 16	35 = 14	35 = 11	35 = 12
36 = 7	36 = 4	36 = 1	36 = 17	36 = 19	36 = 4	36 = 8

Day 36	Day 37	Day 38	Day 39	Day 40	Day 41	Day 42
1 = -5	1 = -4	1 = -1	1 = 4	1 = 0	1 = 5	1 = 3
2 = 0	2 = -7	2 = 7	2 = 1	2 = -5	2 = -3	2 = 4
3 = 4	3 = -5	3 = 1	3 = -3	3 = 2	3 = 7	3 = 5
4 = 0	4 = -8	4 = 7	4 = 0	4 = 9	4 = 2	4 = -2
5 = 5	5 = -3	5 = 0	5 = -1	5 = -4	5 = -6	5 = 1
6 = 0	6 = -5	6 = -6	6 = 0	6 = 0	6 = 2	6 = 7
7 = 4	7 = 4	7 = 4	7 = 3	7 = 2	7 = 5	7 = 6
8 = 4	8 = -4	8 = 0	8 = 0	8 = 8	8 = -1	8 = -3
9 = 4	9 = 7	9 = -7	9 = -2	9 = -1	9 = 0	9 = 1
10 = 0	10 = -1	10 = -8	10 = -5	10 = 1	10 = 4	10 = 5
11 = -10	11 = -2	11 = -5	11 = 2	11 = -5	11 = 3	11 = -2
12 = -6	12 = 2	12 = 4	12 = -2	12 = 1	12 = -2	12 = -6
13 = 4	13 = -9	13 = 8	13 = -2	13 = -3	13 = 2	13 = -4
14 = -3	14 = 6	14 = 2	14 = 3	14 = -3	14 = 3	14 = -6
15 = 2	15 = 1	15 = -5	15 = 4	15 = -7	15 = 4	15 = -7
16 = 4	16 = 1	16 = 3	16 = 1	16 = -2	16 = -3	16 = -5
17 = -7	17 = 4	17 = 8	17 = 3	17 = -4	17 = 2	17 = -3
18 = 4	18 = 4	18 = 5	18 = 4	18 = 8	18 = 2	18 = -1
19 = -6	19 = 1	19 = 2	19 = -4	19 = 0	19 = -1	19 = 3
20 = 9	20 = 1	20 = 0	20 = -2	20 = 1	20 = 3	20 = -9
21 = 3	21 = -4	21 = -5	21 = -6	21 = 2	21 = -1	21 = 5
22 = -6	22 = -5	22 = -1	22 = 2	22 = -1	22 = 5	22 = 0
23 = -7	23 = -7	23 = -1	23 = -4	23 = -6	23 = -3	23 = -4
24 = -3	24 = -7	24 = -5	24 = 3	24 = -2	24 = -6	24 = -3
25 = 7	25 = -2	25 = 2	25 = -9	25 = -2	25 = 0	25 = 5
26 = 4	26 = 4	26 = -8	26 = 5	26 = 4	26 = 6	26 = -5
27 = -1	27 = 5	27 = 0	27 = 1	27 = -5	27 = 2	27 = 0
28 = -6	28 = 7	28 = 8	28 = 6	28 = 6	28 = -5	28 = 1
29 = 9	29 = 0	29 = -10	29 = 1	29 = -5	29 = 1	29 = 4
30 = 3	30 = -4	30 = 3	30 = -4	30 = 5	30 = 2	30 = 6
31 = 2	31 = 3	31 = 6	31 = 9	31 = 3	31 = 4	31 = 1
32 = 0	32 = -1	32 = 3	32 = 5	32 = -2	32 = -1	32 = -4
33 = -4	33 = 2	33 = 0	33 = 4	33 = 7	33 = -1	33 = -2
34 = -5	34 = 6	34 = -6	34 = 4	34 = 4	34 = -4	34 = -5
35 = 0	35 = 5	35 = -2	35 = -4	35 = 5	35 = -3	35 = 0
36 = 1	36 = 3	36 = -4	36 = -4	36 = -6	36 = 1	36 = 8

Day 43	Day 44	Day 45	Day 46	Day 47	Day 48	Day 49
1 = -1	1 = -3	1 = 6	1 = -2	1 = 5	1 = 2	1 = 1
2 = -1	2 = 7	2 = -5	2 = -3	2 = 0	2 = 10	2 = 2
3 = 1	3 = 4	3 = -1	3 = 10	3 = -2	3 = 0	3 = 7
4 = -1	4 = 2	4 = 0	4 = -2	4 = 1	4 = 1	4 = 7
5 = -1	5 = -1	5 = 0	5 = -3	5 = 3	5 = -3	5 = 3
6 = 6	6 = 4	6 = -9	6 = 1	6 = 2	6 = -4	6 = -2
7 = 1	7 = 3	7 = -7	7 = -9	7 = -3	7 = 8	7 = -1
8 = -1	8 = 0	8 = 7	8 = -6	8 = 1	8 = -1	8 = -8
9 = 3	9 = 3	9 = 6	9 = 3	9 = -1	9 = -3	9 = 3
10 = 4	10 = 3	10 = 3	10 = -2	10 = 2	10 = 6	10 = 2
11 = 6	11 = -1	11 = -3	11 = -4	11 = -1	11 = -7	11 = 3
12 = 5	12 = 9	12 = 2	12 = 0	12 = -7	12 = 0	12 = 2
13 = 4	13 = -4	13 = -8	13 = 7	13 = 1	13 = 2	13 = -6
14 = 9	14 = -3	14 = 10	14 = -6	14 = 0	14 = -6	14 = -1
15 = -1	15 = -1	15 = -7	15 = -9	15 = 8	15 = 1	15 = 9
16 = 9	16 = -2	16 = 5	16 = -10	16 = -3	16 = 8	16 = 2
17 = -1	17 = 0	17 = 0	17 = -8	17 = -5	17 = 5	17 = 7
18 = 6	18 = 0	18 = -7	18 = -4	18 = -10	18 = 7	18 = 2
19 = -7	19 = 6	19 = 3	19 = -7	19 = 7	19 = 6	19 = 2
20 = -3	20 = 3	20 = -6	20 = 2	20 = -2	20 = 3	20 = -2
21 = 2	21 = -2	21 = -1	21 = -5	21 = 6	21 = 3	21 = -8
22 = -6	22 = 5	22 = -5	22 = 6	22 = -1	22 = 2	22 = 5
23 = -4	23 = -1	23 = -5	23 = -5	23 = 0	23 = 3	23 = 7
24 = -2	24 = -8	24 = 0	24 = -1	24 = -6	24 = 3	24 = -7
25 = 1	25 = 4	25 = -6	25 = 0	25 = 1	25 = -5	25 = -3
26 = -8	26 = 1	26 = 4	26 = 3	26 = 3	26 = -8	26 = -6
27 = 9	27 = 2	27 = -6	27 = -1	27 = 0	27 = 0	27 = 8
28 = -5	28 = 4	28 = 7	28 = -3	28 = -1	28 = 5	28 = 3
29 = 0	29 = 9	29 = 3	29 = -5	29 = 4	29 = -2	29 = 7
30 = 1	30 = 4	30 = -1	30 = -2	30 = 5	30 = 4	30 = 10
31 = -8	31 = -9	31 = -7	31 = -8	31 = 1	31 = -3	31 = 1
32 = 0	32 = -3	32 = -2	32 = 0	32 = 1	32 = -7	32 = 6
33 = -1	33 = 1	33 = -4	33 = 7	33 = 0	33 = -3	33 = -3
34 = -1	34 = 5	34 = -3	34 = -2	34 = -2	34 = 2	34 = 9
35 = 2	35 = -1	35 = 4	35 = -9	35 = 3	35 = 3	35 = 4
36 = 8	36 = -3	36 = 1	36 = 3	36 = 0	36 = -2	36 = 1

Day 50	Day 51	Day 52	Day 53	Day 54	Day 55	Day 56
1 = 1	1 = -7	1 = 7	1 = 5	1 = -3	1 = -2	1 = 2
2 = -8	2 = -2	2 = -3	2 = 8	2 = 0	2 = -3	2 = -4
3 = 4	3 = -6	3 = -7	3 = -1	3 = 5	3 = 2	3 = 0
4 = 4	4 = 9	4 = -4	4 = 3	4 = 8	4 = -4	4 = 1
5 = -10	5 = 3	5 = 0	5 = -4	5 = -9	5 = -5	5 = 10
6 = -3	6 = 2	6 = 3	6 = -9	6 = 3	6 = 6	6 = 2
7 = 7	7 = 6	7 = -6	7 = 4	7 = 6	7 = 3	7 = 1
8 = -4	8 = -2	8 = -2	8 = -7	8 = 10	8 = -2	8 = 3
9 = 3	9 = -1	9 = 2	9 = -1	9 = 2	9 = -2	9 = -10
10 = -6	10 = 5	10 = 1	10 = 0	10 = -1	10 = 0	10 = 1
11 = -1	11 = 2	11 = -5	11 = -6	11 = -5	11 = -3	11 = -1
12 = -4	12 = 9	12 = 2	12 = 10	12 = 3	12 = 7	12 = -1
13 = 1	13 = -6	13 = 1	13 = -1	13 = 8	13 = -6	13 = 4
14 = 0	14 = 3	14 = 4	14 = -3	14 = 7	14 = -1	14 = -8
15 = 2	15 = -3	15 = -1	15 = -3	15 = -1	15 = 6	15 = -2
16 = 0	16 = 2	16 = -1	16 = 4	16 = -1	16 = 6	16 = 5
17 = -1	17 = -6	17 = -2	17 = 2	17 = 1	17 = -3	17 = 5
18 = 7	18 = -7	18 = 0	18 = -1	18 = 5	18 = 4	18 = 4
19 = 5	19 = -9	19 = 5	19 = 7	19 = -4	19 = 5	19 = 4
20 = -5	20 = 0	20 = -3	20 = -5	20 = -1	20 = -4	20 = -2
21 = -4	21 = 2	21 = -3	21 = -4	21 = -5	21 = -2	21 = -7
22 = -3	22 = -5	22 = 0	22 = 4	22 = -2	22 = 6	22 = 0
23 = 2	23 = 4	23 = -7	23 = 0	23 = 6	23 = 1	23 = 2
24 = 0	24 = -1	24 = -6	24 = -1	24 = 0	24 = 1	24 = 6
25 = -1	25 = -2	25 = 1	25 = -7	25 = -2	25 = 0	25 = 7
26 = -1	26 = 3	26 = 3	26 = -4	26 = 3	26 = -2	26 = 9
27 = 1	27 = -6	27 = 2	27 = -2	27 = 0	27 = 3	27 = 8
28 = -7	28 = -8	28 = 5	28 = 2	28 = 2	28 = -5	28 = 2
29 = -3	29 = -1	29 = -4	29 = 7	29 = -5	29 = -7	29 = -3
30 = 1	30 = 0	30 = -9	30 = 3	30 = -5	30 = 4	30 = 2
31 = 10	31 = -2	31 = 1	31 = 0	31 = -1	31 = -2	31 = 2
32 = 4	32 = 1	32 = -3	32 = 0	32 = 3	32 = 2	32 = 3
33 = -7	33 = 3	33 = 4	33 = -7	33 = -5	33 = -7	33 = -6
34 = 6	34 = -5	34 = -3	34 = -3	34 = 2	34 = -1	34 = -1
35 = -3	35 = -4	35 = -1	35 = 1	35 = 5	35 = 1	35 = 2
36 = 1	36 = -5	36 = -4	36 = 9	36 = 1	36 = 2	36 = -4

Day 57	Day 58	Day 59	Day 60	Day 61	Day 62	Day 63
1 = 1	1 = 11	1 = -14	1 = 3	1 = 4	1 = -4	1 = 1
2 = -5	2 = 2	2 = 6	2 = -10	2 = 3	2 = -4	2 = 14
3 = 12	3 = 7	3 = -13	3 = 5	3 = -1	3 = 5	3 = 0
4 = -2	4 = -10	4 = 3	4 = 12	4 = 9	4 = -2	4 = 14
5 = -6	5 = 10	5 = -5	5 = 0	5 = 6	5 = -3	5 = -20
6 = -9	6 = 12	6 = 4	6 = 2	6 = -14	6 = 6	6 = -6
7 = -5	7 = -8	7 = 1	7 = 17	7 = 9	7 = -8	7 = -3
8 = 13	8 = 7	8 = -14	8 = -3	8 = -1	8 = -3	8 = -7
9 = 10	9 = -3	9 = -1	9 = 12	9 = 3	9 = -1	9 = -4
10 = -11	10 = 2	10 = 15	10 = 3	10 = -1	10 = 2	10 = -3
11 = -13	11 = -14	11 = -2	11 = 3	11 = 4	11 = 1	11 = -4
12 = 2	12 = 6	12 = 4	12 = 4	12 = 12	12 = -12	12 = 9
13 = -19	13 = 0	13 = -9	13 = -8	13 = -13	13 = -5	13 = 6
14 = -1	14 = 0	14 = -8	14 = -4	14 = 3	14 = 6	14 = -3
15 = -1	15 = 3	15 = 6	15 = 5	15 = -6	15 = -11	15 = 3
16 = 9	16 = 15	16 = 9	16 = -9	16 = 2	16 = -7	16 = 12
17 = 1	17 = -2	17 = -7	17 = 0	17 = -2	17 = 3	17 = 6
18 = 9	18 = -9	18 = 1	18 = -5	18 = -12	18 = -1	18 = 2
19 = 5	19 = -8	19 = -1	19 = -1	19 = -11	19 = -13	19 = 5
20 = 9	20 = -9	20 = 12	20 = 7	20 = -13	20 = 0	20 = 7
21 = 14	21 = -1	21 = 4	21 = 1	21 = 7	21 = 10	21 = 0
22 = 8	22 = 1	22 = -9	22 = 4	22 = -13	22 = -10	22 = -6
23 = 13	23 = 0	23 = -10	23 = -11	23 = 5	23 = -1	23 = 1
24 = -9	24 = -3	24 = -1	24 = -2	24 = -1	24 = 14	24 = -1
25 = 6	25 = 9	25 = 19	25 = 3	25 = 1	25 = 5	25 = -1
26 = 8	26 = -3	26 = 3	26 = -8	26 = 4	26 = -3	26 = -1
27 = 1	27 = -2	27 = 15	27 = -15	27 = -11	27 = -9	27 = 2
28 = -2	28 = 3	28 = -12	28 = 6	28 = 0	28 = -5	28 = 5
29 = -16	29 = 6	29 = -6	29 = -1	29 = -5	29 = 10	29 = 5
30 = 10	30 = 16	30 = -7	30 = -11	30 = -16	30 = 10	30 = -7
31 = -2	31 = 1	31 = -5	31 = 4	31 = -5	31 = 8	31 = -10
32 = 6	32 = -4	32 = -15	32 = -1	32 = 0	32 = -10	32 = -4
33 = -8	33 = -13	33 = 4	33 = 2	33 = 8	33 = -9	33 = -4
34 = -6	34 = 5	34 = -13	34 = -9	34 = -14	34 = -5	34 = 8
35 = -3	35 = 0	35 = -2	35 = -7	35 = 9	35 = 13	35 = 12
36 = -3	36 = 7	36 = -2	36 = 4	36 = -3	36 = -19	36 = 9

Day 64	Day 65	Day 66	Day 67	Day 68	Day 69	Day 70
1 = -1	1 = 15	1 = 10	1 = 7	1 = 12	1 = -4	1 = -10
2 = 0	2 = -7	2 = 3	2 = 7	2 = -6	2 = 16	2 = -15
3 = -5	3 = 7	3 = -7	3 = 11	3 = -5	3 = 3	3 = 15
4 = 7	4 = 10	4 = 13	4 = -13	4 = -14	4 = -1	4 = 2
5 = 7	5 = 0	5 = 9	5 = -14	5 = 3	5 = -5	5 = 10
6 = 8	6 = -3	6 = 7	6 = 6	6 = 8	6 = 10	6 = 8
7 = 7	7 = 11	7 = -7	7 = 10	7 = 10	7 = 4	7 = -5
8 = 0	8 = 1	8 = -7	8 = 13	8 = -3	8 = -11	8 = 10
9 = 4	9 = 16	9 = 14	9 = 1	9 = -11	9 = 6	9 = 4
10 = -10	10 = 8	10 = -1	10 = 10	10 = 10	10 = 6	10 = 13
11 = -4	11 = 1	11 = 0	11 = 0	11 = 11	11 = 11	11 = -19
12 = 5	12 = -4	12 = 4	12 = 0	12 = -3	12 = -7	12 = -10
13 = 0	13 = 14	13 = -1	13 = 4	13 = 2	13 = 7	13 = -2
14 = -3	14 = 8	14 = 0	14 = 10	14 = -2	14 = -2	14 = -6
15 = -14	15 = -6	15 = 0	15 = -15	15 = 2	15 = -10	15 = 17
16 = -3	16 = 5	16 = -1	16 = -14	16 = 5	16 = -5	16 = -6
17 = -10	17 = -7	17 = -13	17 = 11	17 = -15	17 = -1	17 = -4
18 = -1	18 = 9	18 = 19	18 = -3	18 = 8	18 = -12	18 = -5
19 = -10	19 = -15	19 = -12	19 = -8	19 = 0	19 = -7	19 = 8
20 = 17	20 = 1	20 = -14	20 = 3	20 = 4	20 = -5	20 = 3
21 = 2	21 = -7	21 = 6	21 = -3	21 = -1	21 = 0	21 = -10
22 = 9	22 = -6	22 = -7	22 = -6	22 = -13	22 = -10	22 = -2
23 = 8	23 = 13	23 = 6	23 = -7	23 = 12	23 = -3	23 = -2
24 = 12	24 = -14	24 = -4	24 = -15	24 = -4	24 = -4	24 = -2
25 = -10	25 = -7	25 = -4	25 = -18	25 = -13	25 = 0	25 = -6
26 = 9	26 = 14	26 = -4	26 = -10	26 = 1	26 = 8	26 = 0
27 = -10	27 = -11	27 = -3	27 = -2	27 = 0	27 = -6	27 = -4
28 = -1	28 = 4	28 = -1	28 = -2	28 = -4	28 = 5	28 = 3
29 = -1	29 = 12	29 = -2	29 = 6	29 = 3	29 = 0	29 = -2
30 = 1	30 = 14	30 = 5	30 = -4	30 = 5	30 = 15	30 = 1
31 = 14	31 = -3	31 = -6	31 = 11	31 = -13	31 = 2	31 = -7
32 = 10	32 = -2	32 = -1	32 = -17	32 = 7	32 = 14	32 = 1
33 = -8	33 = -4	33 = -5	33 = 7	33 = 16	33 = -4	33 = -12
34 = 5	34 = -2	34 = 3	34 = 13	34 = 7	34 = 13	34 = -4
35 = 1	35 = -12	35 = 3	35 = -8	35 = 10	35 = 6	35 = 12
36 = 10	36 = -3	36 = 15	36 = 10	36 = 4	36 = 9	36 = -2